找出3個不同的地方！

辣得噴火的超激辣拉麵！

首先來個見面禮，以正常等級的「找不同」來熱…吧！…麵太辣了，令食客也忍不住吐出來啊！

答案在45頁

救腦小提示

一些細微的形狀變化也要細心注意啊！

找出3個不同的地方！

是你呼喚我嗎？主人！

下面的圖畫看起來像在不斷地晃動啊！你能在頭昏眼花之前，找出 3 個不同的地方嗎？

答案在45頁

救腦小提示

晃動的背景一定沒有不同的地方？你不要先入為主地斷定啊！

腦筋翻轉等級

哪一個是不合理的？

令人一看再看的超有趣相片！

在下面的兩張相片中，各有 3 件不應該出現的東西啊！你能找出是什麼嗎？

答案在45頁

救腦小提示

觀察這些相片時，最重要是能拋開先入為主的觀念。你看！西洋梨堆中好像混進了某些東西啊！

哪一個是不同的？

屁屁、屁屁、好多屁屁對着我

好多動物的屁屁在對着我啊！在4種動物屁屁的圖案中，各有1個是與別不同的，快把這4個屁屁找出來！

答案在45頁

5 腦筋翻轉等級

找出哪一個是小偷！

快來比較房間被盜竊前和盜竊後的情況，有幾件東西不見了！
小偷更把偷來的其中一件東西戴在身上，易容後就逃之夭夭！

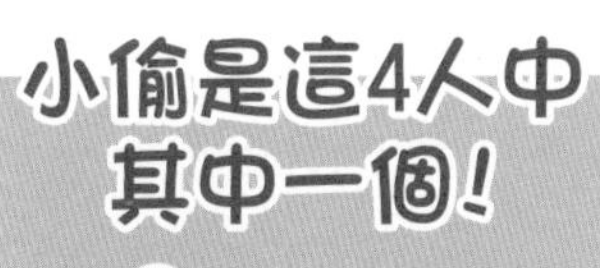

疑犯 A

疑犯 B

疑犯 C

疑犯 D

盜竊前

盜竊後

答案在45頁

救腦小提示

小偷把偷來的東西配戴在身上時，不一定遵照原本的用法喔！

找出共5個不同的地方！

媽媽親手做的鬆餅是最美味的！

試把標準圖跟其他 3 張圖片比較，總共有 5 個不同的地方！而且我們不會告訴你每張圖各有多少不同，你親自找出來吧！

答案在45頁

救腦小提示

留意圖中各種波浪紋的圖案！

找出3個不同的地方！

嘩呀呀！我要……要被吃掉啦！

前面有頭超可怕的鯊魚游過來啊！戴着泳鏡雖然很難看清楚，但趕緊在被牠吃掉前，找出 3 個不同的地方吧！

答案在45頁

救腦小提示

你可以先把圖畫垂直分成三等分，左、中、右都各有1個不同之處啊！

找出5個不同的地方！

超可愛，但超超超難！

哦喲？在左右兩幅圖畫中，動物臉孔的排列雖然相同，但當中混進了 5 個稍為不同的臉孔！請細心觀察並找出來吧！

救腦小提示

雖然這說法會令你失望，但解題方法看來只有一個：用耐性逐一去比較吧！

答案在45頁

腦筋翻轉等級 

9 找出3個不同的地方！

非禮勿視！非禮勿聽！非禮勿言！

這些機械人正在模仿一句名言。你能從上下兩幅圖畫中，找出3個不同的地方嗎？

答案在45頁

救腦小提示

當一個物體的位置往上下偏移了，是十分難發現的啊！

10

腦筋翻轉等級

找出哪一位是插班生！

誰是轉校過來的新同學呢？

有 1 名插班生不在上面圖畫中，但卻在下圖中出現了！因為同學們都換了座位，你能找到他嗎？

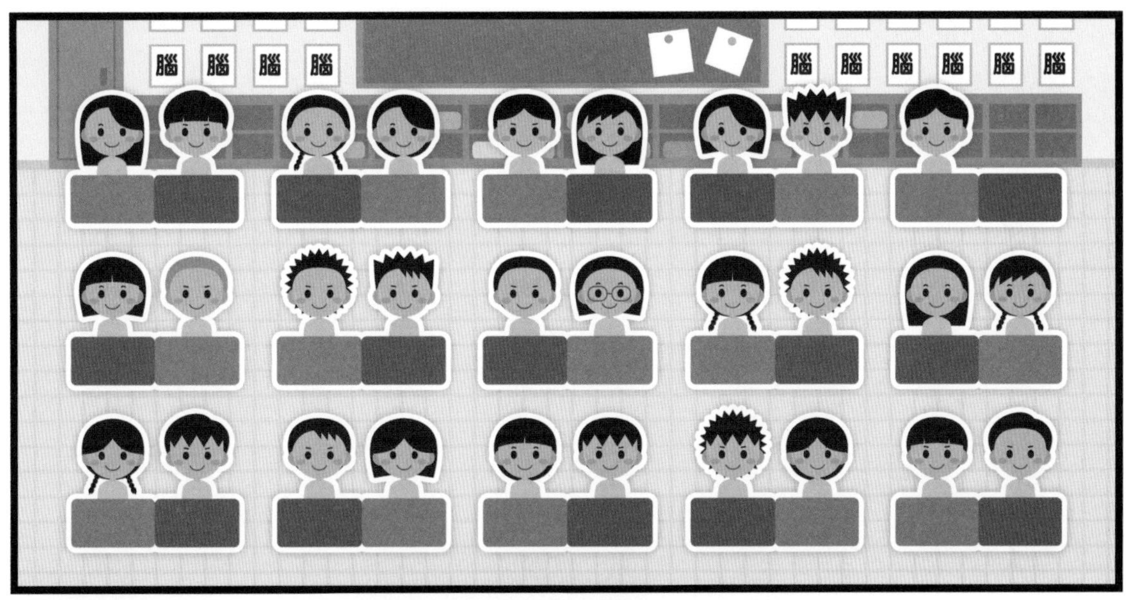

答案在45頁

救腦小提示

唯一解題方法，就是按學生的不同髮型，逐一比較和搜尋！

找出5個不同的地方！

歡迎來到晚上的倒影世界！

在漂亮的月圓之夜，倒影世界把你的腦筋也翻轉了。你能從上下兩幅圖畫中，找出 5 個不同的地方嗎？

答案在45頁

救腦小提示

先將圖畫倒轉後的物件角度和顏色規律記入腦中，然後再慢慢去找吧！

12

腦筋翻轉等級

哪一個是不同的？

便便重疊又重疊！

在下面眾多的便便中，有 3 個是不一樣的。因為它們都重疊在一起，變得很難找出來，所以請你仔細地看清楚啊！

答案在45頁

救腦小提示

形狀不同的很容易找出來，可是大小不同的話，就很難發現啊！

腦筋翻轉等級 

有多少個不同的地方？

找不同，救公主！

上下兩幅圖畫雖然有不同的地方，但究竟藏在哪裏？有多少個？那就不知道了。你來把所有不同之處找出來，拯救公主吧！

答案在46頁

救腦小提示

勇者手上的寶劍驟眼看起來好像一樣，但你感覺到有些奇怪嗎？

腦筋翻轉等級

找出哪一個是小偷！

保險箱中的金錢被偷走了！

保險箱上的指紋除了總經理、秘書和護衛以外，其他全都是小偷的！哪些是小偷的指紋？小偷又共有多少人呢？

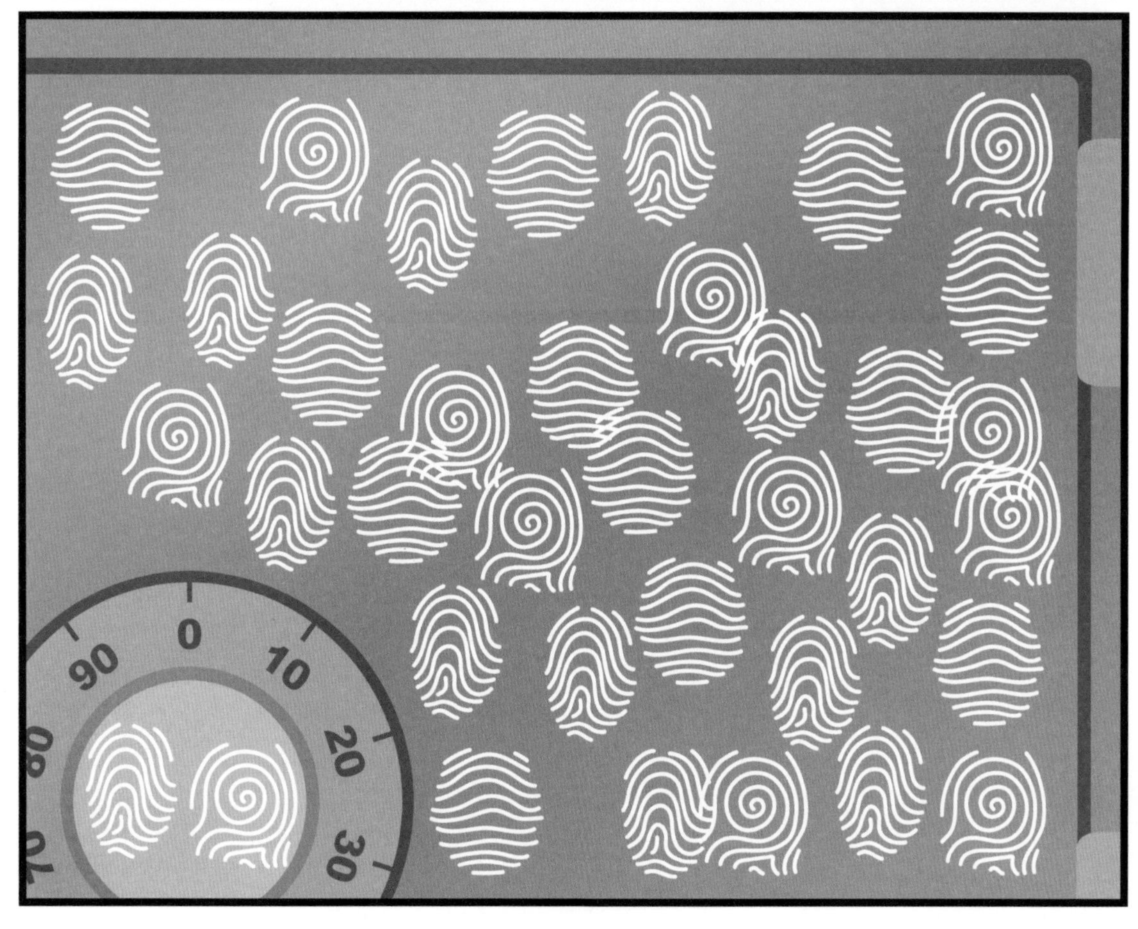

答案在46頁

救腦小提示

小偷的指紋，跟總經理他們三人的很相似啊，千萬不要被騙倒！

腦筋翻轉等級

找出3個不同的地方！

在彩色圖和單色圖之間找不同！

下面兩幅圖畫雖然圖案一樣，但最大分別當然是顏色不同。試從兩幅圖畫中，找出顏色以外的 3 個不同之處！

答案在46頁

救腦小提示

別一下子就仔細地比較。嘗試先觀察上下兩幅圖畫，待眼睛習慣了顏色的差別後，才去認真找出不同之處吧！

16 腦筋翻轉等級 

哪一個是不同的？

啪嚓！「喂！是誰的——！」

老爺爺最愛惜的鏡子被打破了！請你在破鏡上眾多的老爺爺影像中，找出一個是和其他不同的。

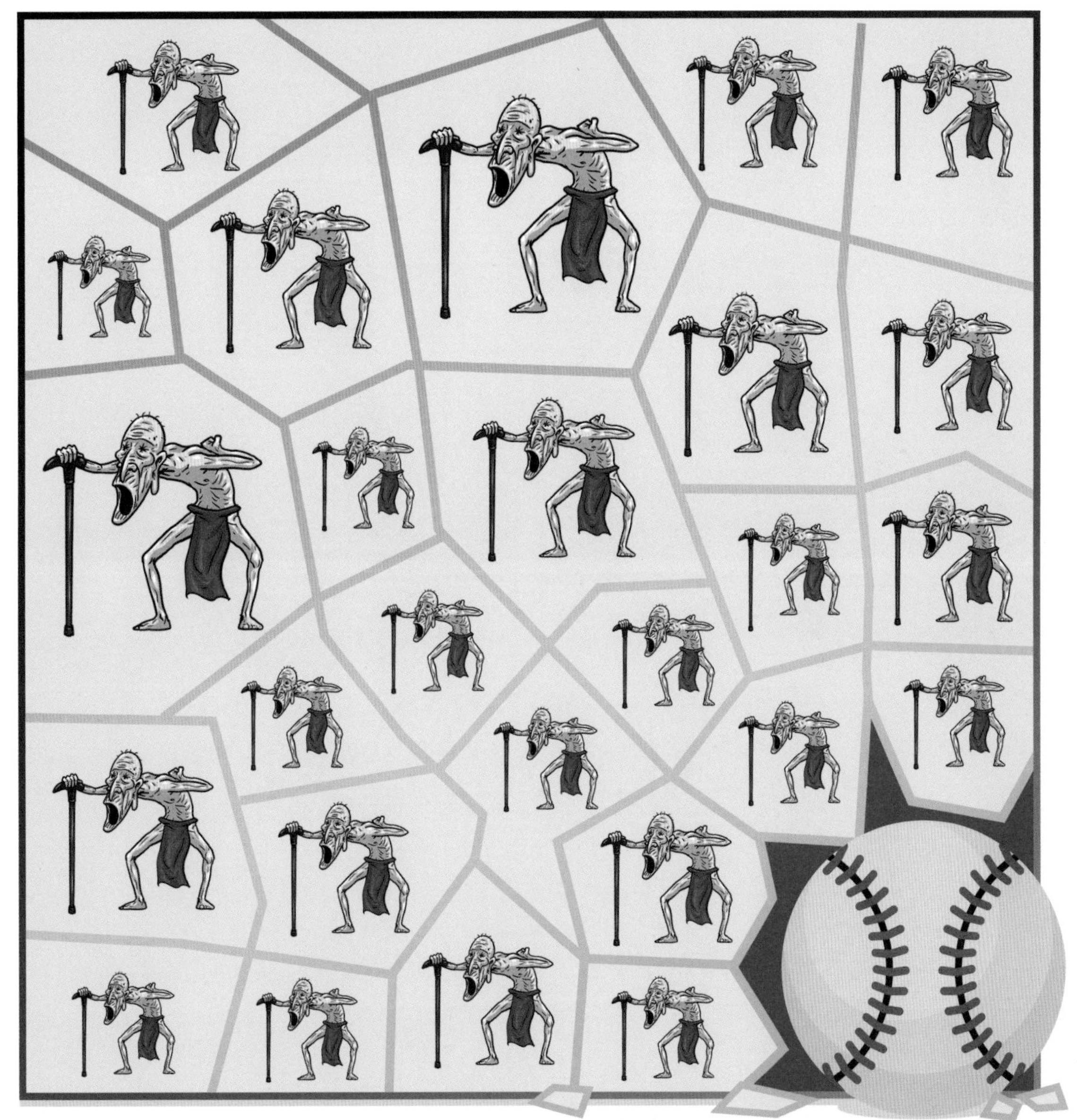

答案在46頁

救腦小提示

老爺爺的影像雖然各有不同大小，但這是影響不到圖形的上下平衡感的。

17

腦筋翻轉等級 

找出3個不同的地方！

防盜眼中的豬朋雞友？

這個動物二人組的樣子雖然可怕，但其實是我的好朋友，非常友善的啊！ 試從上下兩幅圖畫中，找出 3 個不同的地方吧！

答案在46頁

從防盜眼看出來的畫面會扭曲，試試多加留意那些位置吧！

18

腦筋翻轉等級

砌臉譜，找不同！

有 3 個多餘的部件啊！

這裏有一個惡鬼的臉譜。當我正想按照標準圖拼砌的時候，才發現框內多了 3 個部件！請你找出那些部件來！

答案在46頁

救腦小提示

框內的部件，跟標準圖的方向是沒有改變的！

※找到 3 個多餘的部件後，可以用彩色影印機複製這一頁，然後剪出部件，就能直接砌臉譜了。

日本新年時的傳統玩法：玩者蒙着雙眼把五官的部件拼到臉上，看誰的臉最神似，誰最滑稽。

19

腦筋翻轉等級 

放大後再找出不同的地方！

兩種花紋圖案各有一個與別不同！

仔細查看兩隻小鳥的花紋，你會發現它們分別由圖案♥和★組成的！但兩種圖案中各有一個與別不同，把它們找出來吧！

答案在46頁

救腦小提示

因為花紋圖案太細小了，你試用放大鏡或手提電話相機的放大功能，來輔助尋找吧！

20 腦筋翻轉等級

有多少個不同的地方？

人物肖像畫的找不同大挑戰！

這是由點點組成的肖像畫。左右兩幅圖畫雖然有不同之處，但究竟在哪裏？有多少個？那就不知道了。你能全部找出來嗎？

答案在46頁

救腦小提示

圖中的點點如有增加或減少，那些不同地方很容易就找得到吧？但是如果點點是左右相反了，你又能找到嗎？

腦筋翻轉等級 

一邊穿過迷宮一邊找不同！

忍忍忍！挑戰忍者的迷宮！

在以下迷宮，你必須依着藍、紅、綠的順序前進。不過其中有一個人，衣服的顏色換成了另一個忍者的顏色，令你無法順利到達終點！請你把那人改回正確的顏色，向終點前進吧！

◎忍者的規條　◎必須依着這個次序前進 

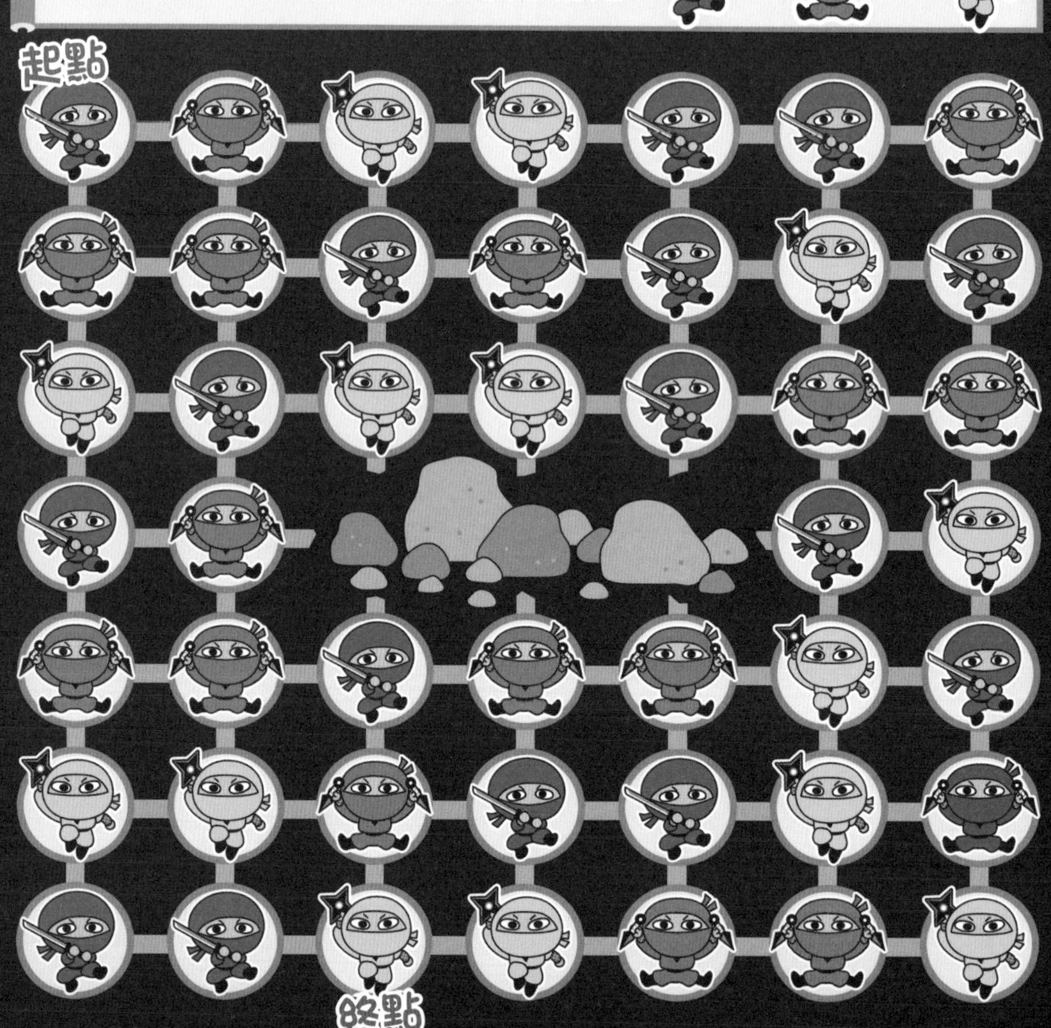

答案在46頁

救腦小提示

首先找出衣服顏色和武器組合不配合的忍者，替那個忍者換上正確衣服的顏色後，再依着顏色順序，向終點前進吧！

找出共5個不同的地方！

小丑來了！一起載歌載舞吧！

以下 4 幅小丑圖畫都是上下左右反轉了的。其他 3 張圖畫跟標準圖各有不同，而不同的地方總共有 5 個！把它們找出來吧！

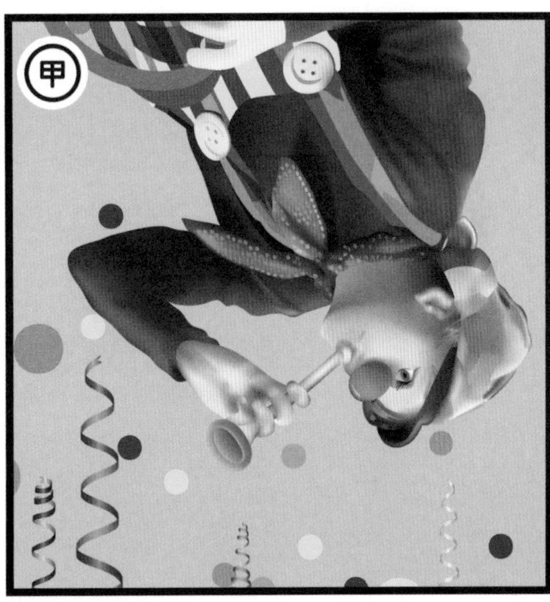

答案在46頁

救腦小提示

小丑臉上的細節也要跟標準圖作仔細的比較呢！

找出3個不同的地方！

漢堡包！我超喜歡吃！

我最喜歡吃漢堡包，喜歡得連雙眼都變成漢堡包了！你也來看看下面兩幅圖畫，找出 3 個不同的地方吧！

答案在46頁

救腦小提示

不同之處藏於細節……我們能說的提示只有這個！

24 腦筋翻轉等級

找出相片上不同的地方！

你寫的字變得漂亮了嗎？

寫字練習完成了？但是上下兩張相片中有 3 個不同的地方，你能找出來嗎？

※以下寫的是日本漢字，從左至右「見超難新間違探」的中文意思是「看新的超難找不同」，「土」代表「星期六」。

答案在46頁

救腦小提示

從相片中找不同的難度很高，給你說清楚吧。3個不同的地方分別是：有一個數字左右反轉了、有一個字移位了、有一個跟文字無關。

找出100個不同的地方！

怪獸媽媽的曲奇餅製作班

怪獸媽媽製作的曲奇餅是跟孩子們一模一樣的！而左右兩頁的圖畫中，竟然有100個不同之處！請你全部找出來！

救腦小提示

不同的地方多達100個，確實沒法用腦逐一去記住。這種時候，不妨用鉛筆把不同之處圈起來！

答案在47頁

找出共5個不同的地方！

跟小猴子浸温泉、比耐力！

嗚嘩！温泉冒起的白煙阻擋了視線啊！我們盡力從其他 3 幅圖畫中，找出 5 個跟標準圖不同的地方吧！

答案在47頁

救腦小提示

這圖畫上面有很多線條，上面應該會有不同之處，試找找看吧！另外，受白煙影響而變模糊的地方，並不算是不同啊！

27 腦筋翻轉等級

找出5個不同的地方！

肚子好痛啊！廁所在哪裏？

肚子突然痛起來，不快點找到廁所就不得了啦！快從左右兩幅圖畫中，找出 5 個不同的地方吧！

答案在47頁

救腦小提示

也要細心留意文字背後的花紋圖案有沒有移位啊！

找出3個不同的地方！

和愛麗絲一起夢遊仙境！

不得了！我們快要被吸進洞裏去了！在被吸走之前，我們先從上下兩幅圖畫中，找出 3 個不同的地方吧！

答案在47頁

救腦小提示

看來在漩渦之中也有不同的地方嘛。請先開燈，把房間照亮，然後再尋找吧！

一邊穿過迷宮一邊找不同！

在身體裏繞圈子！

蘋果被吃掉後，怎樣通過身體每一處，變成便便排出呢？玩迷宮之餘，也要從左右兩幅圖畫中，找出 3 個不同的地方啊！

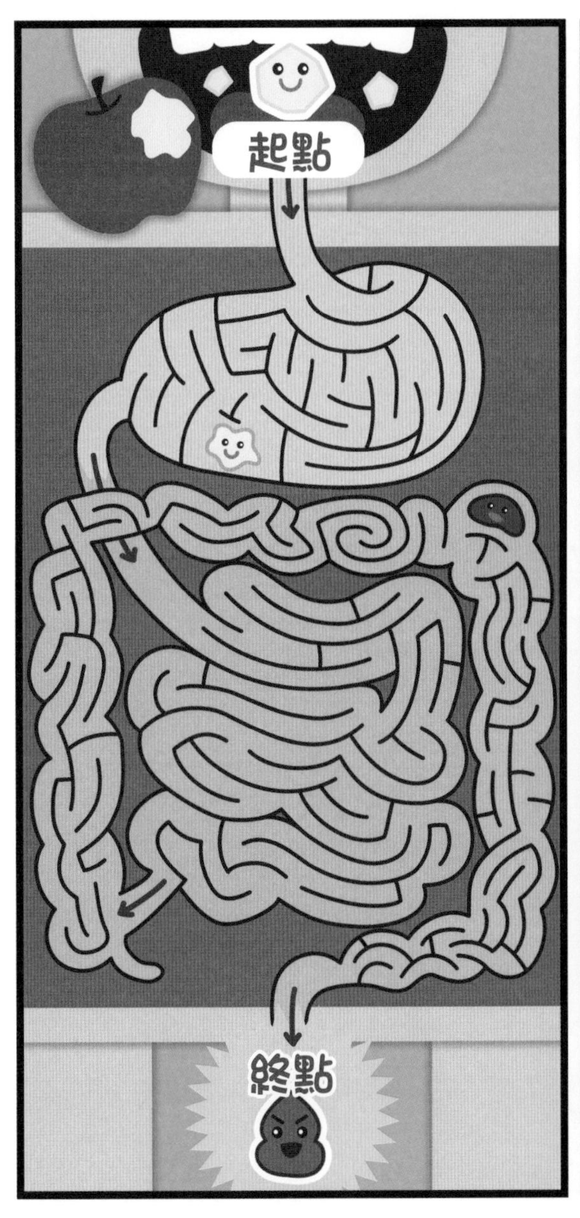

答案在47頁

救腦小提示

口腔、身體內部和下半身各有一個不同的地方啊！

哪一款水果的名字與別不同？

在下面的水果中，有一款的名字是與別不同的。到底是哪一款呢？別忘了！在上下兩幅圖畫中，還有 3 個不同的地方啊！

答案在47頁

救腦小提示

想想生果的顏色和名字的關係，就可找到答案。另外，如果你找不到不同之處，嘗試逐一把水果名字讀出來吧！

31 腦筋翻轉等級

找出5個不同的地方！

海底是個美麗而神秘的世界！

海底充滿着各式各樣的生物！下面的海洋被分開為左右兩幅圖畫了，你能從中找出 5 個不同的地方嗎？

答案在47頁

救腦小提示

其實在這個提示句子附近，就已經有一個不同的地方了！

32

腦筋翻轉等級

找出3個不同的地方！

鬧哄哄的夏天來了！

夏天活動多多，來盡情玩樂吧！你也可從下面兩幅打斜排列的圖畫中，找出3個不同之處啊！

答案在48頁

救腦小提示

是否找了很久也發現不到？其實有一個物件的位置悄悄地改變了！

33

腦筋翻轉等級 

哪一個是不同的？

同時做鬼臉，先笑的就算輸！

這個鬼臉充滿氣勢呀！試把兩個恐龍標準圖跟下面影子比較，你能找出各自1個不同的影子嗎？

答案在48頁

救腦小提示

試根據恐龍的每一個部位，逐一去觀察和比較！

34 腦筋翻轉等級

翻翻頁，找不同

在同一幅圖畫玩3次找不同！

請先翻到37和38頁，跟着指示①、②、③的順序來個大挑戰！

救腦小提示

跳大繩太好玩了，大家一起來玩吧！

① 試從左右兩幅圖畫中，找出 5 個不同的地方！

答案在48頁

34

向外摺

②沿着虛線向外摺，然後跟第36頁的右方圖作比較，找出3個不同的地方！

③沿着虛線向外摺，然後跟第36頁的左方圖作比較，找出3個不同的地方！

答案在48頁

向外摺

35

腦筋翻轉等級

找出5個不同的地方！

嘩呀！停電了！

停電令房間變得漆黑一片。雖然現在連眾人的身影都很難看清楚，但你能從上下兩幅圖畫中，找出 5 個不同的地方嗎？

答案在48頁

救腦小提示

盯著暗處一段時間後，有些地方是會逐漸看得清楚的。

找出20個不同的地方！

翻翻頁，上下倒轉找不同

下圖跟下一頁的圖畫之間總共有20個不同的地方！而且還是上下倒轉了的，你需要名符其實地翻轉腦筋才能答題啊！

答案在48頁

救腦小提示

這頭獨角獸真可愛！請你仔細留意獨角獸的臉和鬃毛的四周！

36

救腦小提示

在那棵形狀古怪的大樹上，共有 4 個不同的地方啊！

答案在48頁

37 自己創作吧！

由你親自設計的「找不同」

下面兩幅圖畫中，現時還沒有任何不同的地方。但只要你填上顏色或畫上線條，就能創造出世界上獨一無二的「找不同」了！完成後，讓朋友和家人挑戰一下吧！

設計　辻中浩一（UFU）
插圖　the rocket gold star

《超超超難找不同！偵探頭腦大考驗》完

答案頁

1

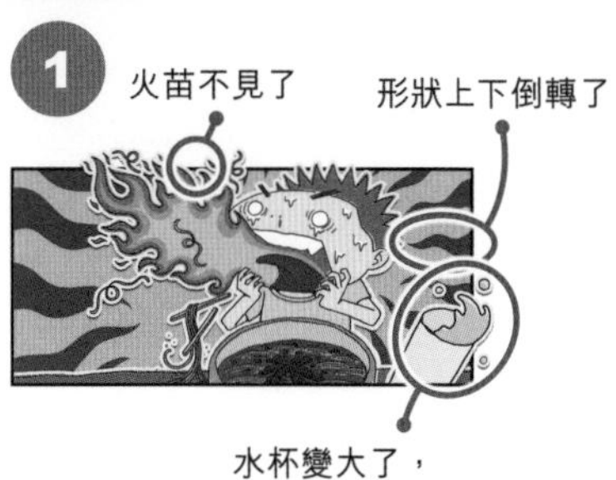

2

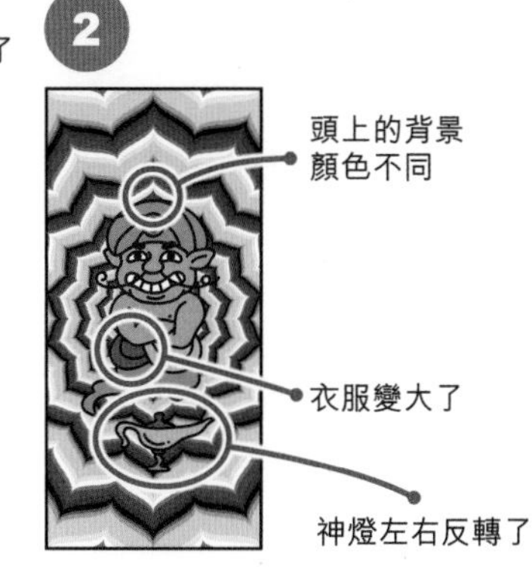

3

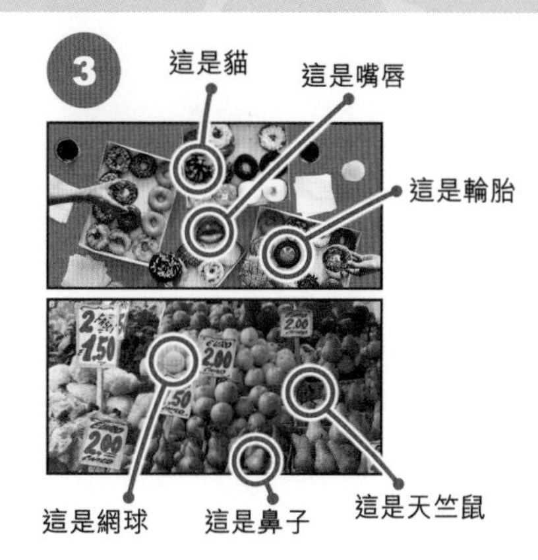

4

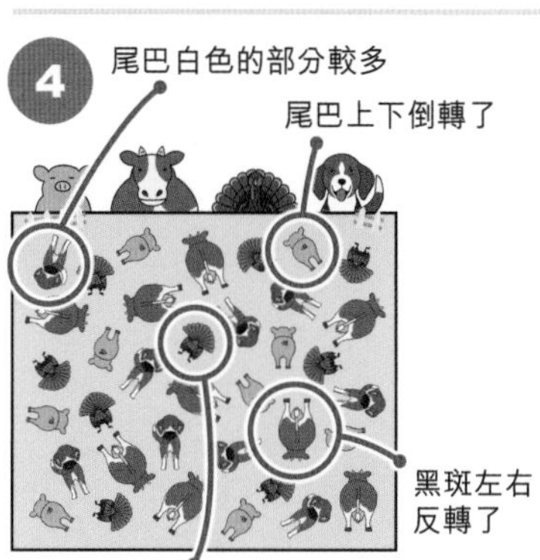

5

疑犯C是小偷。
他用拖把裝成鬍鬚來易容了。
而且，連接拖柄和拖頭的部分，
跟鼻子的形狀非常相似！

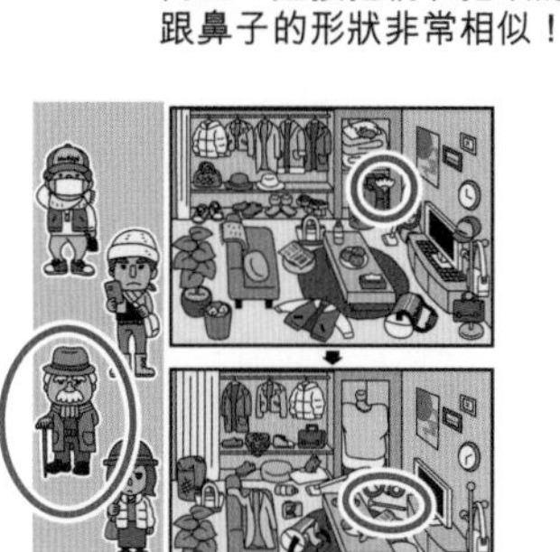

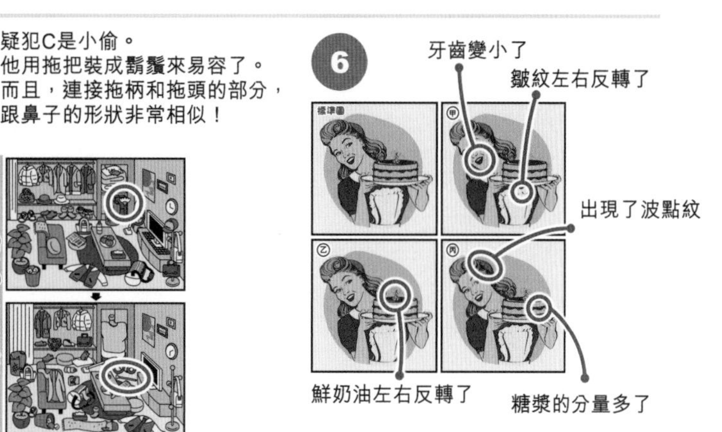

6

7

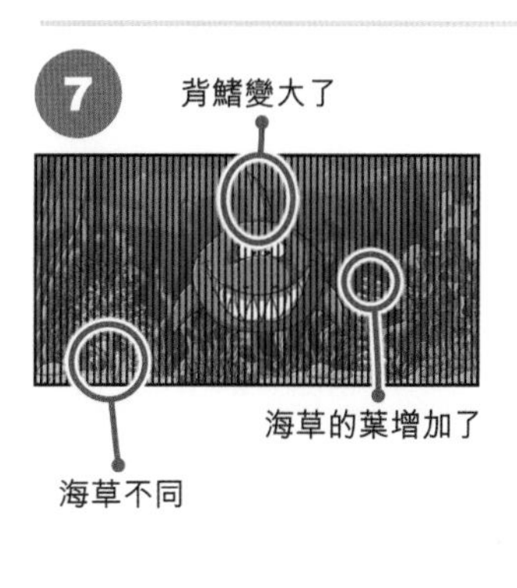

8

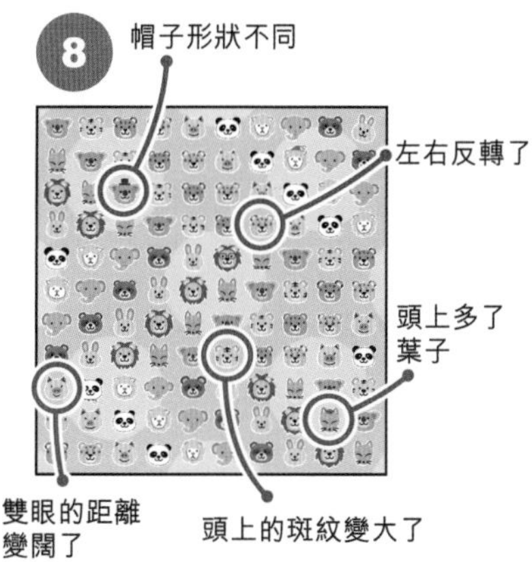

9

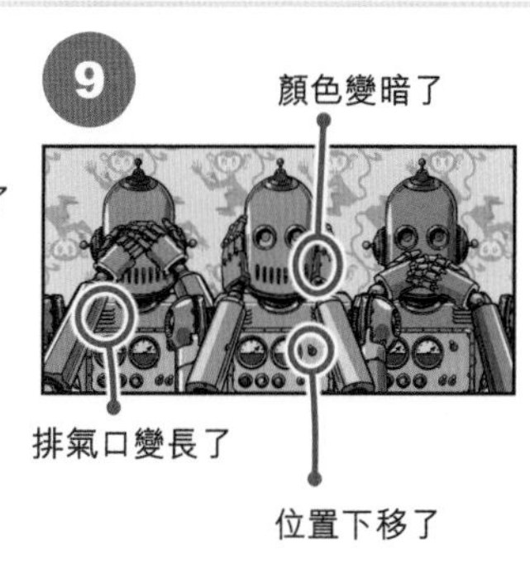

10

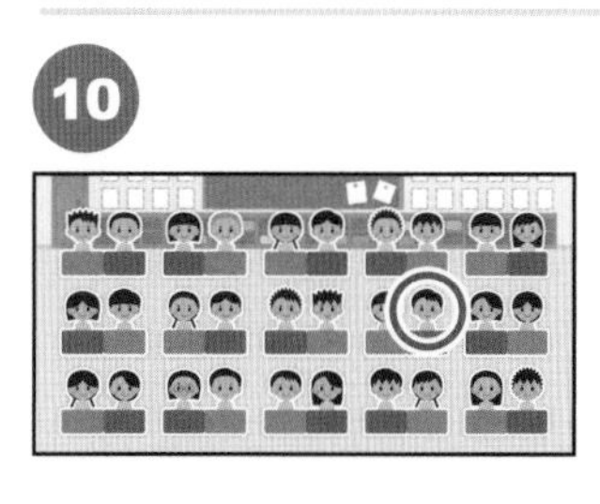

11

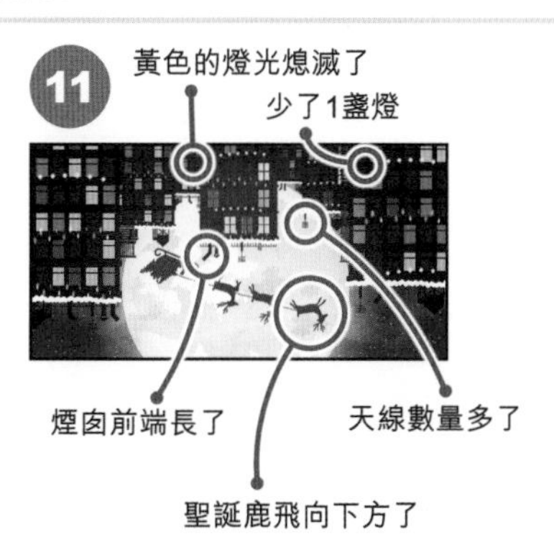

12

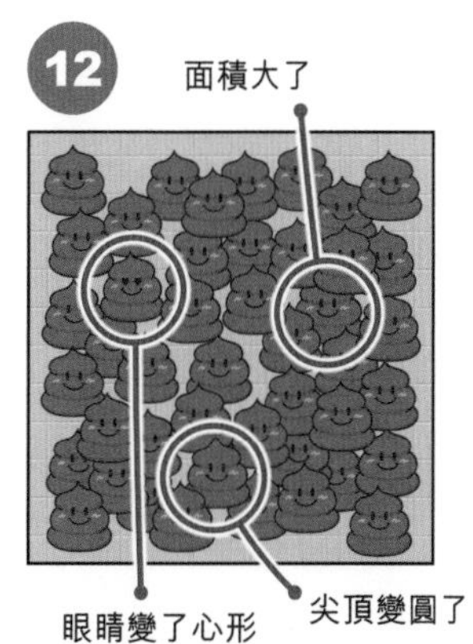

13 共有7個不同的地方

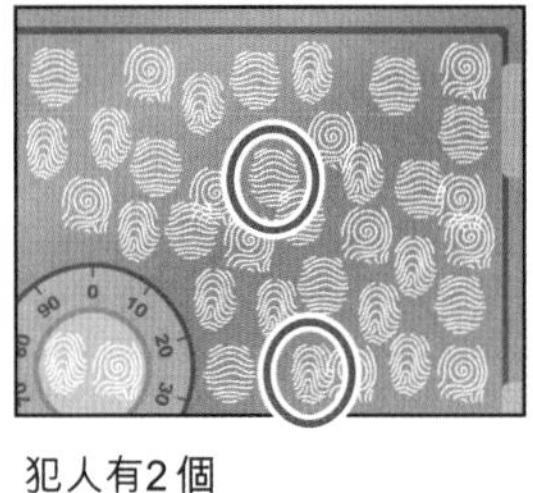

犯人有2個

15

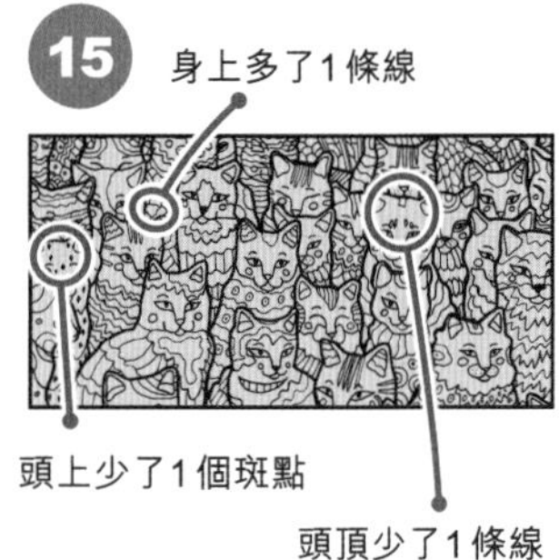

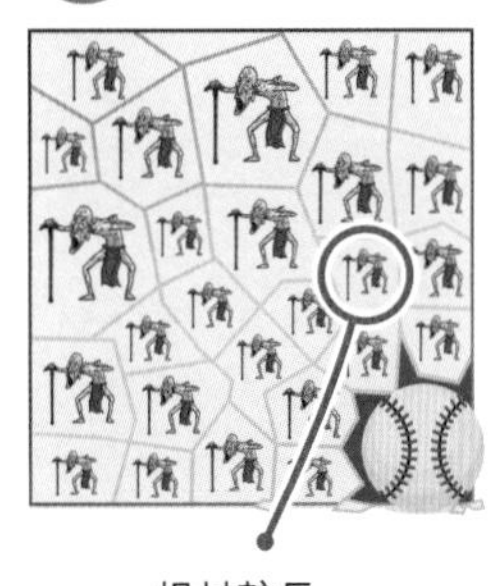

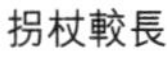

拐杖較長

17

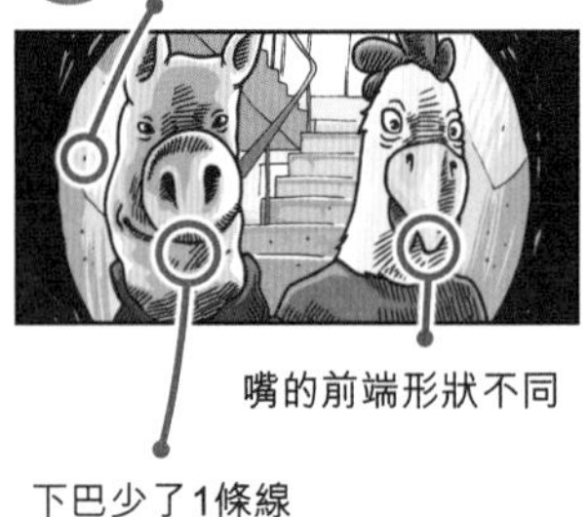

19

20 有4個不同的地方

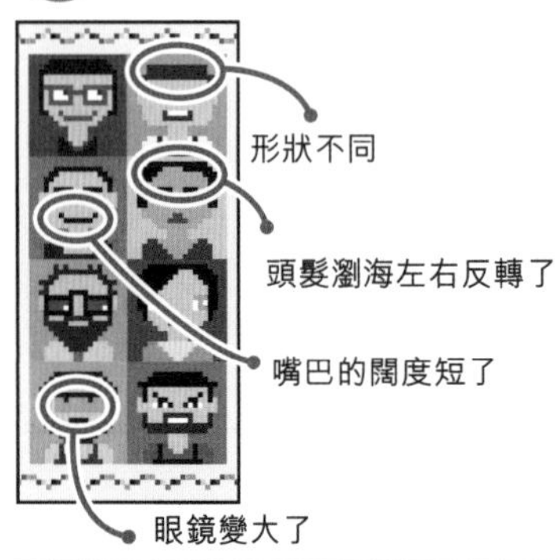

21 迷宮路徑：

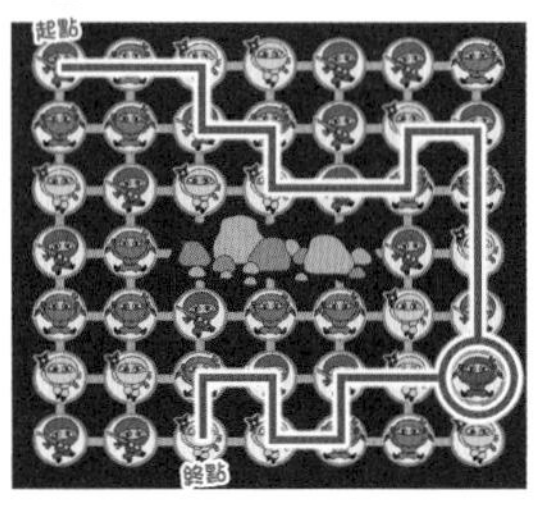

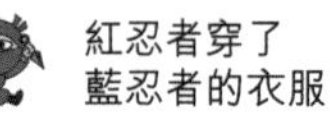

紅忍者穿了藍忍者的衣服

22

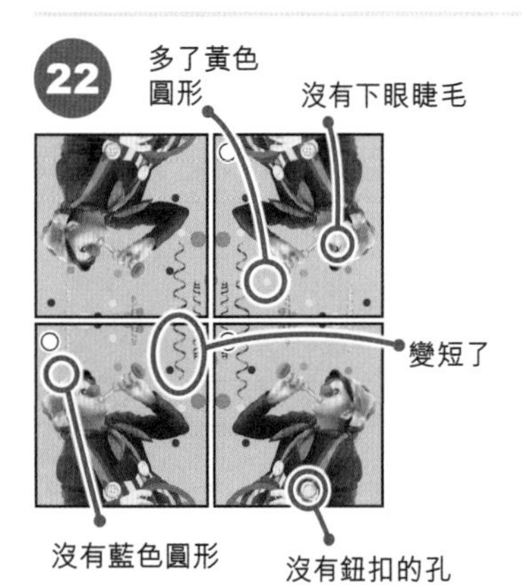

23

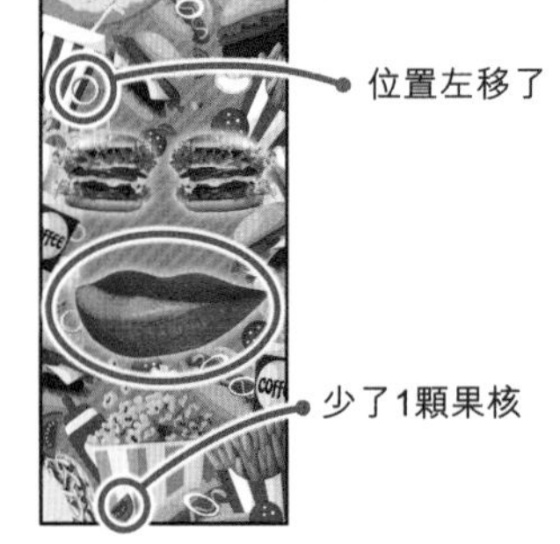

24

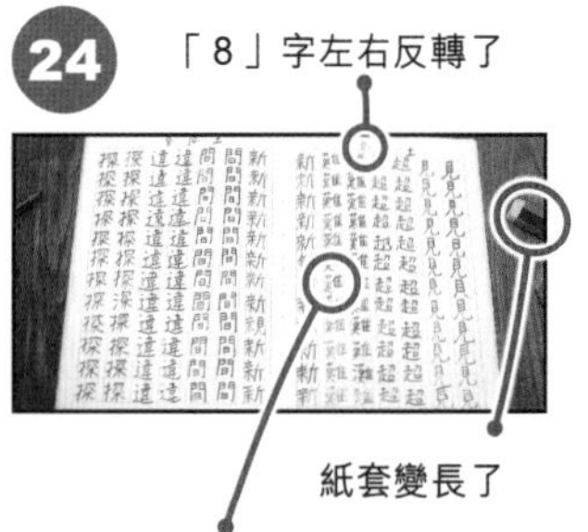

答案頁

25

2. 位置下移了
6. 位置右移了
8. 眼旁的線位置下移了
12. 變大了
13. 沒有白色的點
15. 鋸線形狀不同
18. 眼睛位置左移了
19. 下巴變大了
20. 線條上下倒轉了
23. 變小了
24. 眼珠位置右移了
25. 嘴巴左右反轉了
26. 點變成線了
27. 重疊位置對調了
29. 點的位置上移了
31. 角度不同
33. 位置下移了
34. 框線顏色不同
38. 牙齒形狀不同
39. 整個下移了
40. 線條上下倒轉了
41. 下巴變長了
42. 位置左移了
45. 線條上下倒轉了
46. 整個右移了
48. 變小了
49. 變大了
50. 形狀不同
51. 左右相反了
52. 變短了
53. 形狀不同
54. 線條位置上移了
55. 線條左右倒轉了
58. 凹陷變淺了
65. 腳向右上提高了
70. 彎位弧度不同
71. 位置左移了
72. 方向不同
76. 位置右移了
77. 牙齒不見了
78. 角度不同
79. 形狀不同
81. 嘴巴形狀變尖了
84. 位置移左了
86. 花紋的位置上移了
88. 變小了
89. 眼白的形狀不同了
92. 數量不同
93. 位置上移了
95. 形狀不同
96. 整個位置左移了
97. 形狀不同
98. 毛髮增加了

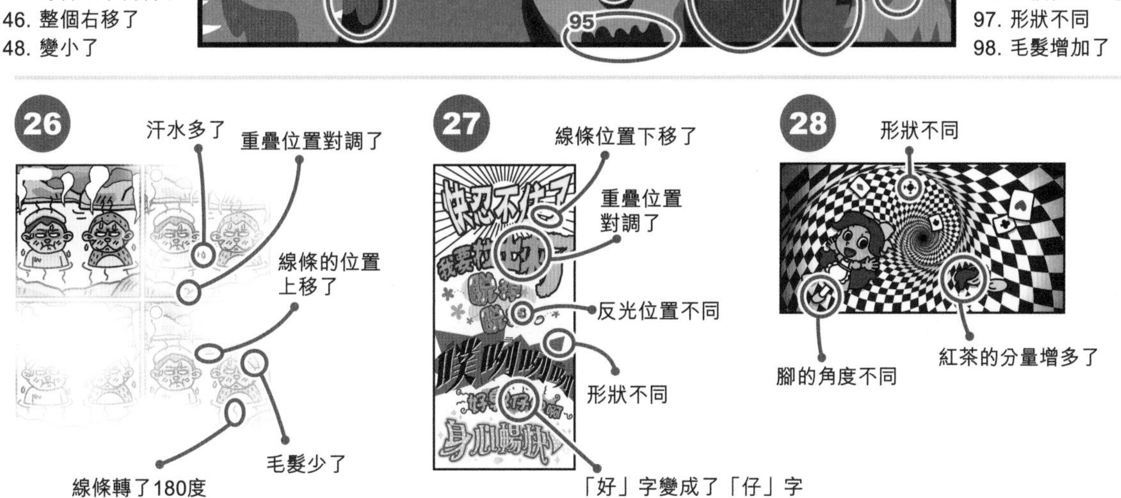

29

迷宮路徑：

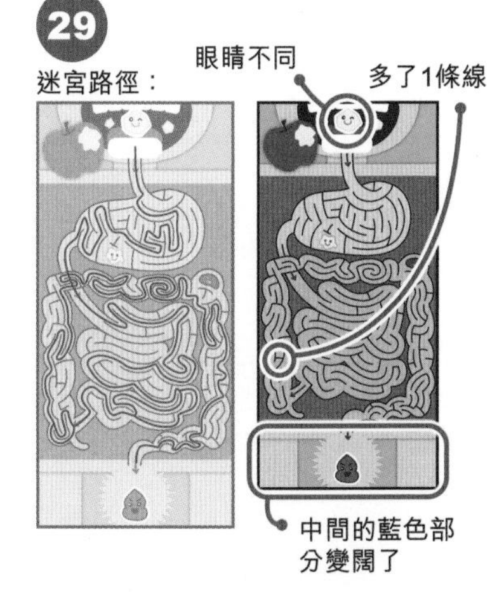

30

橙的名字跟其他水果不同，因為只有橙的名字同樣是顏色的一種。

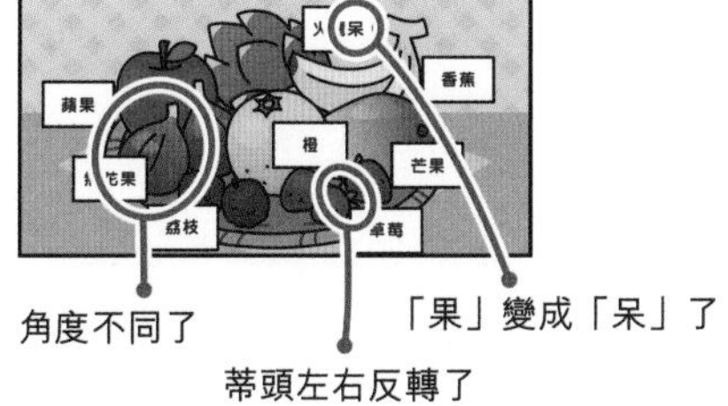

31

身上的線多了

轉了180度

變短了

泡的形狀不同

位置右移了

32

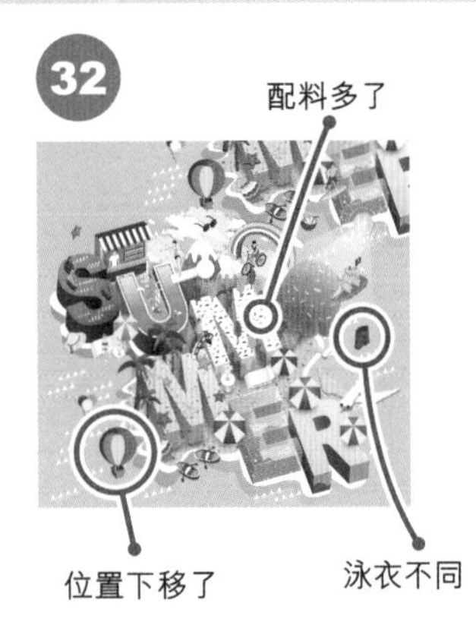

33

34

①

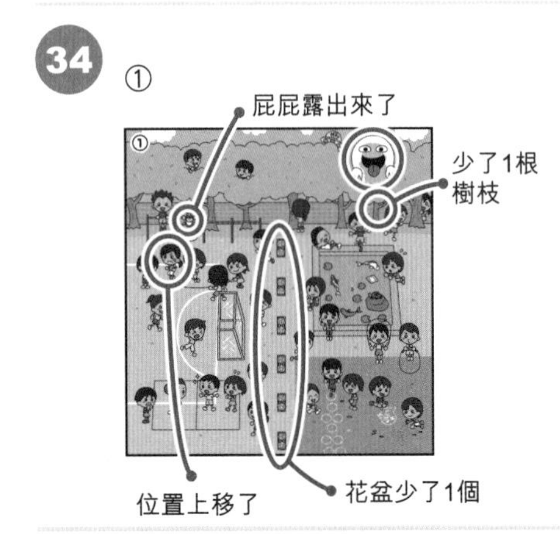

②

發出光線了

手巾的顏色
相反了

③

白線的形狀不同

汗水變成了心形

35

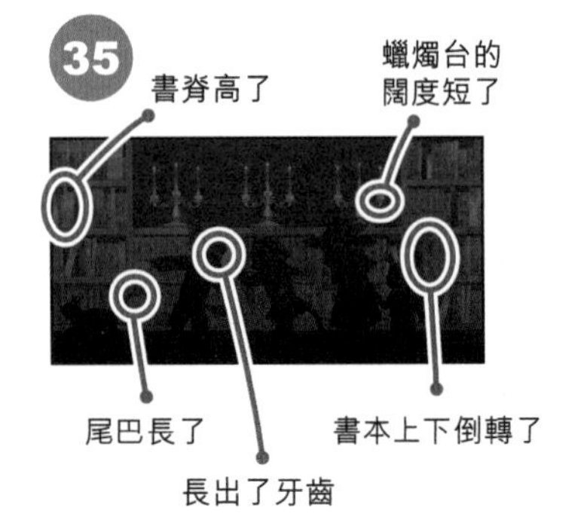

36

1. 花變小了
2. 花的位置下移了
3. 石頭左右反轉了
4. 河的顏色不同
5. 城門打開了
6. 石頭多了1塊
7. 樹葉角度不同
8. 花草增多了
9. 花朵變大了

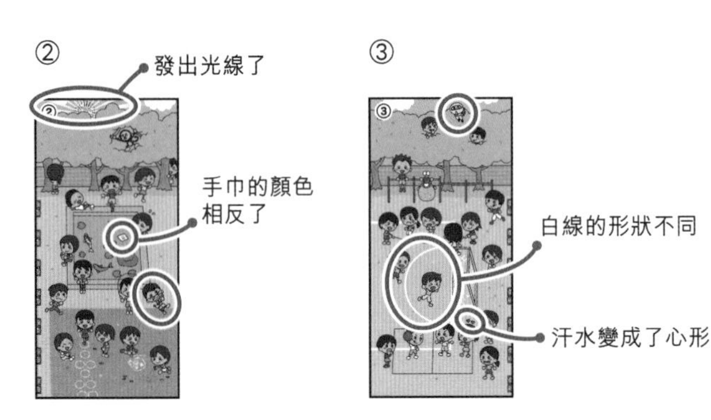

10. 花朵增多了
11. 山變矮了
12. 雲的位置左移了
13. 表情不同了
14. 鬃毛的顏色不同了
15. 窗口變多了
16. 山不見了
17. 樹葉角度不同了
18. 樹葉不見了
19. 樹枝變粗了
20. 多了1塊樹葉